Wolfhard Kopatschek

Die Immobilienbuchhaltung neu gedacht

Von der Zahlungsbuchhaltung zur Bilanz

Ein Lehrbuch

Das Buch widme ich meiner Mitarbeiterin

Frau Elisabeth Berger.

Mein Dank gebührt aber auch

Herrn Thomas Weber,

der als Laie die Lektorenschaft übernommen hat und wertvolle Beträge leistete.

Wien, 8. August 2022

---ooo O ooo---

Unter **www.immosys.at/ergänzungen-zu-büchern** finden Sie zahlreiche der im Buch abgedruckten Tabellen zum vergrößerten Ausdruck.

Es wird darauf hingewiesen, dass sämtliche Informationen zu Steuern keinen Vollständigkeitsanspruch erheben.

Inhaltsverzeichnis

Vorwort

Dieser Text führt Sie nicht nur in die Buchhaltung des Immobilienverwalters ein, sondern zeigt auch wie Sie aus dieser die Daten in eine Bilanz überführen können. Dies ist z.B. unabdingbar, wenn sich Immobilien in einer Stiftung befinden oder wenn an einer Immobilie sowohl Personen als auch Kapitalgesellschaften beteiligt sind.

Die Anforderungen an eine Immobilienbuchhaltung sind vielfältig und stellen hohe Ansprüche an den Buchhalter. Die Ergebnisse der Buchhaltung müssen nicht nur fiskalischen Anforderungen genügen, sondern auch leicht nachvollziehbare Ergebnisse für die Eigentümer liefern. Im Detail bedeutet dies:

Die Buchhaltung muss den Anforderungen von

- Verwaltern,
- Mietern,
- Eigentümern und des
- Finanzamtes

gerecht werden. Sie muss

- insbesondere für Laien leicht nachvollziehbar sein,
- als Vorsteuerausweis[1] für Unternehmer geeignet sein,
- die Umsatzsteuererklärung nachvollziehbar liefern,
- einen nachvollziehbaren Ertragsteuerausweis liefern,
- mietrechtlichen Anforderungen genügen,
- betriebswirtschaftliche Vergleichsmöglichkeiten bieten,

---

[1] Vorsteuer ist die Umsatzsteuer, die ein Unternehmer-1 einem anderen Unternehmer-2 bezahlt hat und die Unternehmer-1 von seiner ans Finanzamt abzuführenden Umsatzsteuer in Abzug bringen kann.

In der Folge wird gezeigt wie eine Buchhaltung anzulegen ist, damit sie all diese Aufgaben, insbesondere auch alle gewünschten Abrechnungen, sowohl für eine Kapitalgesellschaft als auch für den privaten Immobilienbesitzer, liefert.

Die Beispiele in diesem Büchlein wurden von der IMMOSYS beigestellt, die auch eine Software besitzt, die in einfachster und übersichtlicher Weise die verarbeiteten Zahlen präsentiert. Mietshäuser, Wohnungseigentum und gemischte Objekte lassen sich in gleicher Weise bearbeiten, auch wenn die Abrechnungserfordernisse unterschiedlich sind.

Einführung

Vergessen Sie SOLL und HABEN, vergessen Sie was Sie über Buchhaltung gelernt haben. Es geht viel einfacher, nämlich dann, wenn Sie sich am Zahlungsfluss oder am möglichen (fiktiven) Zahlungsfluss orientieren. Deshalb beginnen wir mit der Einnahmen-Ausgaben-Buchhaltung, die wir in Zukunft einfach Zahlungsbuchhaltung nennen wollen, und leiten dann zur doppelten Buchhaltung, der DOPPIK, über, die wir Leistungsbuchhaltung nennen wollen.

Warum ist die klassische BH eigentlich ein Unding? SOLL und HABEN (im Italienischen: GEBEN und HABEN) – siehe Wikipedia – beschreiben die linke und die rechte Seite eines Kontos. Im Computerzeitalter gibt es diese nicht mehr. Damit sind auch diese Begriffe obsolet, weil sie durch ein Vorzeichen ersetzt sind. Auch die eigentlich geforderte Zuordnung von Konten auf Grund Ihres Saldos zu den Aktiva oder den Passiva, ist überholt. Es dient nicht der Nachvollziehbarkeit, wenn man ein Konto, nur weil sich sein Saldo gedreht hat einmal unter den Aktiva und dann wieder unter den Passiva einordnet. Es müsste, wenn man das Wesen von Aktiva und Passiva in der historischen Form erhalten will, eine dritte Gruppe, nämlich Verrechnungskonten geben, in der beliebige Kontensalden akzeptiert sind. Gescheiter wäre es aber Verrechnungskonten zB den Aktiva fix zuzuordnen, wenn deren Kontosalden in der Regel Aktiva präsentieren.

Insbesondere im privaten Immobilienbereich wird die Zahlungsbuchhaltung (ZBH) benötigt, die wir auch Geldfluss-,

Überschussrechnung oder Gegenleistungsbuchhaltung nennen können. Die klassische Buchhaltung (Doppik), sollte im Gegensatz zur ZBH, die Leistungen, also die geschaffenen Werte, erfassen wobei unwesentlich ist, ob die Gegenleistung, nämlich die Zahlung schon erfolgte, weshalb sie Leistungsbuchhaltung (LBH) heißen sollte.

Übersicht - Gegenüberstellung:

Doppelte BH	↔	Einnahmen-Ausgaben-BH
Leistungs-BH	↔	Gegenleistungs-BH
Werte-BH	↔	Zahlungs-BH

Doppelte Buchhaltung ist auch kein exakter Begriff, denn eine ordentliche Zahlungsbuchhaltung ist auch eine doppelte Buchhaltung. Am treffendsten sind die Begriffe *Leistungsbuchhaltung (LBH)* und *Zahlungsbuchhaltung (ZBH)*, die wir in Zukunft verwenden wollen.

Gewöhnlich buchen wir immer erst mit der Zahlung, anstatt jede Rechnung sofort nach Eingang als Aufwand gegen Verbindlichkeiten (Schulden für offene Rechnungen) einzubuchen. Damit wird eine allfällige Vorsteuer (in der Rechnung enthaltene Umsatzsteuer) zwar erst später geltend gemacht, was man damit in Kauf nimmt. Das geht aber nur sofern die Rechnung noch im Ausstellungsjahr bezahlt wird. Siehe „Rechtliche Rahmenbedingungen“, Seite 18.

Die Sicherheit, dass unsere BH stimmt, beziehen wir aus dem Vergleich der Buchungssumme mit dem Kassen- bzw. Bankbestand. Die Summe im Kassenbuch muss dem Kassenbestand gleichen. Unbare Vorgänge, wie z.B.

Hauseigentümer bringt dem Verwalter eine bereits bezahlte Rechnung zwecks Verbuchung, sind durch Umbuchungen, denen man fiktive Zahlungsflüsse unterstellt, darzustellen, nämlich:

Ausgabe/Rechnung <>
Einnahme/Einzahlung durch Hauseigentümer.

Aus Vorstehendem ist schon erkennbar, dass die doppelte Verbuchung in der Zahlungsbuchhaltung darin besteht, alle Buchungen gegen Bank oder Kassa durchzuführen. Die Summe aller Buchungen muss immer dem Banksaldo und/oder dem Kassensaldo gleichen. Es ist aus obigem Beispiel leicht erkennbar, dass man damit nicht immer auskommt. Wir müssen daher auch verbuchen, was sich nicht in unserer Kassa oder auf unserem Bankkonto abgespielt hat, wie die schon erwähnte durch den Hauseigentümer bezahlte Rechnung. Aber es sind hier zwei Arten von fremden Zahlungsvorgängen zu unterscheiden: Solche, die sich dem Einfluss des Verwalters entziehen, nämlich externe, und solche, die sich im Bereich des eigenen Machtbereichs abspielen, also interne. Zu ersterem gehört das obige Beispiel. Wenn der Hauseigentümer die bezahlte Rechnung erst nächstes Jahr bringt, so ist das Übergabedatum bedeutungslos. Die Rechnung ist noch im Vorjahr einzubuchen als Schuld gegenüber dem Hauseigentümer; also Aufwand gegen Bestandkonto, dass in diesem Fall einfach das Verrechnungskonto mit dem Hauseigentümer sein kann. Zahle ich hingegen eine Rechnung einem Handwerker, die er im Vorjahr gelegt hat, erst im nächsten Jahr, so ist sie erst im neuen Jahr Aufwand, obwohl die

Leistung im Vorjahr erbracht wurde. An dieser Stelle sei vermerkt, dass Aufwand in der ZBH durch die Zahlung präsentiert wird und in der LBH durch die erbrachte Leistung. Ob diese schon in Rechnung gestellt wurde oder nicht ist ohne Bedeutung. Sie ist buchhalterisch zu erfassen. Zweckmäßig und einfacher ist es natürlich am Jahresende alle Leistungen in Rechnung zu stellen und die Rechnung als noch nicht bezahlte Leistung einzubuchen. Davon wollen wir in Zukunft immer ausgehen.

Es ist empfehlenswert kein Kassabuch zu führen, sondern alle Barausgaben sofort vom Bankkonto zu ersetzen. Die Barausgaben werden diesfalls zunächst aus betriebsfremden Mitteln beglichen.

Die Buchungen finden im sogenannten Hauptbuch (HB) statt. Es empfiehlt sich die einzelnen Mieteingänge gesondert zu buchen, im sogenannten Debitorenbuch. Die beiden Bücher sind zu Abstimmungszwecken zu summieren.

Auch in der ZBH benötigen wir die zwei Hauptgruppen von Konten, nämlich:

1. Erfolgskonten und
2. Bestandskonten

Erstere gehen in der LBH in die Gewinn- und Verlust-Rechnung ein und in der ZBH in die Überschussrechnung. Letztere bilden die Aktiva und Passiva in der LBH. Die übrigen Konten, die eben nicht in die Überschussrechnung eingehen, wie zum Beispiel Kautionskonten, Verrechnungskonto mit dem Finanzamt, Konto des Hauseigentümers, etc. wollen wir schlicht Bestandskonten nennen.

Damit kommen wir zum einzigen und wesentlichen Unterschied in den beiden Buchhaltungssystemen. Dies sei an folgendem Beispiel erläutert:

In beiden Buchhaltungen werden am Jahresende aus fiskalischen Gründen, die unter dem Titel „Rechtliche Rahmenbedingungen", Seite 18, erörtert werden, alle offenen Rechnungen eingebucht. Wir bleiben beim Beispiel der erhaltenen Handwerkerrechnung, die der Hauseigentümer bezahlt hat. Die Einbuchung erfolgt

Reparaturaufwand <>
Verrechnungskonto Hauseigentümer

Die bezahlte Rechnung ist hiermit als Aufwand verbucht. Handelt es sich um die Rechnung eines Handwerkers die ich aus Zeitgründen heuer nicht mehr bezahlen kann, buche ich ähnlich:

Reparaturaufwand <> Verbindlichkeiten

Jetzt kommt der große Unterschied zwischen ZBH und LBH. Das Verbindlichkeitenkonto darf in der ZBH kein Bestandskonto sein, sondern ebenfalls ein Aufwandskonto. Damit heben sich die beiden Buchungen wunschgemäß auf. Der Saldo ist null. Warum machen wir es dann? Wir machen es aus den schon erwähnten fiskalischen Gründen, nämlich wegen der Geltendmachung der Vorsteuer in der Rechnung. Die Vorsteuer ist nämlich immer zum Rechnungsdatum geltend zu machen. Eine Verspätung kann zum Verlust der Vorsteuer führen. Wie hier genau zu buchen ist, damit die Vorsteuer nicht in der einen oder anderen Richtung erfolgswirksam wird, finden Sie später unter den Beispielen. Dies gilt nämlich auch dann, wenn sie nicht eine Rechnung erhalten haben, sondern eine ausstellen, wie zum Beispiel die Mietzinsvorschreibung. Eine Ausnahme bildet das Verbindlichkeitenkonto für Betriebskosten wie auf Seite 13, Ziff.2 beschrieben.

Wir sehen an diesem Beispiel, dass auch in der ZBH wir nicht nur Erfolgskonten (Aufwand und Ertrag) brauchen, sondern ebenfalls auch Bestandskonten die nicht abgerechnet werden, sondern ins neue Jahr zu übernehmen sind.

Zusammenfassend:

- Erhaltene Rechnung:
  Ausgabe/Rechnung <>
  Einnahme/Offene Rechnungen/
  Verbindlichkeiten
- Ausgestellte Rechnung:
  Einnahme/Rechnung <>
  Ausgabe/Offene Rechnungen/Forderungen

Die jeweils zweite Buchung ist eine Korrektur der ersten, weil der Zahlungsfluss doch nicht stattgefunden hat. Das ist, wie schon gesagt, immer dann notwendig, wenn Umsatzsteuer im Spiel ist, die immer im Jahr des Rechnungsdatums mit dem Finanzamt abzurechnen ist. Wir erkennen, dass den Vorzeichen, je nach der Bezeichnung des Kontos auf dem gebucht wurde, folgende Bedeutung zukommt:

+ … Einnahme, Geldbestand, Schuld/Verbindlichkeit
− … Ausgabe, Geldfehlbestand,
Guthaben/Forderung

Somit kann ein positiver Betrag sein:

- eine Einnahme,
- also ein erhaltener Betrag (liquide Mittel/Erlös) oder
- ein Betrag, den man zahlen sollte, jemanden schuldet, also eine Verbindlichkeit.

Ein negativer Betrag kann sein:

- eine Ausgabe,
- also ein Betrag, den man für etwas ausgegeben hat (Vermögensbestandteil/Aufwand) oder
- ein Betrag, den man zu bekommen hat, also eine Forderung.

Die historische LBH (DOPPIK) kennt eigentlich kein negatives Vorzeichen. Daraus folgt die oft nicht leicht zu beantwortende Frage was buche ich in SOLL und was in HABEN. BILANZ bedeutet ja Gleichheit, was aber einer Summe NULL gleichkommt, wenn ich Aktiva und Passiva gegenteilige Vorzeichen zuordne. Dreht man nun das Vorzeichen in der ZBH um, so befinden wir uns in der klassischen LBH, in der bekanntlich das Vermögen, nämlich die im Besitz befindlichen Güter, also die Aktiva positiv dargestellt werden. Die Passiva wie schon gesagt auch, weil, wie das Wort Bilanz ausdrückt, wie bei einer Waage auf beiden Seiten Gleichheit herrschen soll. In der klassischen Buchhaltung gibt es ja negative Vorzeichen fast nur zu Korrekturen, weil ja anstelle von Null die Gleichheit herrschen soll, was aber im Prinzip das Gleiche ist.

Wir fassen kurz zusammen:

1. Noch nicht bezahlte Rechnungen mit Umsatzsteuer sind am Jahresende einzubuchen, um Umsatzsteuer abzuführen oder Vorsteuern geltend zu machen. Da keine Zahlung stattgefunden hat ist für die Kompensandobuchung ein Verbindlichkeitenkonto zu wählen, dass in die gleiche Abrechnung eingeht, so dass das Abrechnungsergebnis von diesen Buchungen unberührt bleibt.
2. Ausgenommen davon sind Betriebskostenrechnungen (BKR), weil diese nach MRG immer zum Fälligkeitstermin zu verrechnen sind. Somit ist eine BKR mit Umsatzsteuer und Fälligkeit im nächsten Jahr noch dieses Jahr erfolgsneutral einzubuchen, wie unter Punkt 1; eine ohne Umsatzsteuer, zB Versicherungsprämie, mit Fälligkeit im nächsten Jahr am besten gar nicht oder wenn schon bezahlt wurde, dann auch wie unter Punkt 1 oder auf ein Konto wie zB Fehlbewegungen (Bestandskonto).
3. Wurde ein BKR versäumt im Vorjahr zu bezahlen, so ist diese als Aufwand einzubuchen. Die Gegenbuchung erfolgt am besten auf einem Konto Fehlbewegungen, auf welchem dann die verspätete Zahlung im nächsten Jahr abgebucht wird.

In all diesen Fällen ist eine sorgfältige Belegdokumentation unerlässlich, damit im Folgejahr die oben beschriebenen Buchungen oder Zahlungen nicht vergessen werden und vor allem richtig verbucht werden.

Einige Buchungsbeispiele:

a) Bei Buchungsbeginn weist das Bankkonto einen Saldo von € 40.000,-- auf.

b) Der Mieteingang für Dezember 2021 beträgt:
   - Hauptmietzins € 6 600,--
   - Betriebskosten € 1 100,--
   - Wegen Nichtzahlung von X fehlen darauf € 300,--

c) Baumeister legt Rechnung über € 24 000,-- am 15.12.2021. Bezahlt wird diese am 10.1.2022.

d) Wir zahlen Wassergebühren von € 4 400,-- am Fälligkeitstag, 16.12.2021.

e) Versicherungsprämie von € 3 000,-- ist am 5.1.2022 fällig und wurde am 20.12.2021 bezahlt.

f) Hauseigentümer bringt bezahlte Rechnung über € 2 400,-- am 24. 12. 2021.

Wir überprüfen die Salden:

- Der Banksaldo laut Kontoauszug beträgt € 48 000,--.
- Die Summe der Buchungen auch.

Also stimmt unsere Buchhaltung.
Beachten Sie die Buchungen im nächsten Jahr!

Es fällt auf, dass im Beispiel c die Verbindlichkeitenbuchung geteilt wurde. Dies wird auf Seite 43 erklärt.

Wolfhard Kopatschek, Leibnizgasse 46 - 1100 Wien

Einige Buchungsbeispiele

Aufg.	Datum	Betrag	Konto	Kreditor	Buchungstext	Kontobezeichnung	Ust-%	Ust	Netto
a	01.12.2021	40.000,00	136-0	HE	Guthaben	Verrechnungskonto Hauseigentüme	0 %	-	40.000,00
b	05.12.2021	6.600,00	3-0	Mieter	Mieteingang XII/21	HMZ ind. - indexierter Hauptmietz.	10 %	600,00	6.000,00
b	05.12.2021	1.100,00	11-0	Mieter	Mieteingang XII/21	BK - Betriebskosten	10 %	100,00	1.000,00
b	05.12.2021	300,00-	23-0	Mieter	Mieteingang XII/21	Minderzahlungen Debitoren	0 %	-	300,00-
c	15.12.2021	24.000,00-	61-0	Baumeister	Fassade	Erhaltungsausgaben	-20 %	4.000,00-	20.000,00-
c	15.12.2021	20.000,00	47-0	Baumeister	Fassade	V: Offene Rechnungen Erhaltung	0 %	-	20.000,00
c	15.12.2021	4.000,00	46-0	Baumeister	Fassade	V: Offene Vorsteuern. sonstige	0 %	-	4.000,00
d	16.12.2021	4.400,00-	81-0	MA	Wasser	BK: Wasser. Abwasser	-10 %	400,00-	4.000,00-
e	20.12.2021	3.000,00-	97-0	Generali	Bündelvers.	Fehlbewegungen (Bu. ohne Zuord.)	0 %	-	3.000,00-
f	24.12.2021	2.400,00	137-0	HE	Ziegel ergänzt	Vom HE bezahlte Rechnungen	0 %	-	2.400,00
f	24.12.2021	2.400,00-	61-0	Dachdecker	Ziegel ergänzt	Erhaltungsausgaben	-20 %	400,00-	2.000,00-
	31.12.2021	40.000,00						4.100,00-	44.100,00

Im nächsten Jahr buchen wir:

Aufg.	Datum	Betrag	Konto	Kreditor	Buchungstext	Kontobezeichnung	Ust-%	Ust	Netto
	01.01.2022	48.800,00	136-0	HE	aus dem Vorjahr	Verrechnungskonto Hauseigentüme	0 %	-	48.800,00
e	05.01.2022	3.000,00-	88-0	Generali	Bündelvers.	BK: Versicherungsprämien	0 %	-	3.000,00-
e	05.01.2022	3.000,00	97-0	Generali	Bündelvers.	Fehlbewegungen (Bu. ohne Zuord.)	0 %	-	3.000,00
c	10.01.2022	20.000,00-	47-0	Baumeister	Fassade	V: Offene Rechnungen Erhaltung	0 %	-	20.000,00-
c	10.01.2022	4.000,00-	46-0	Baumeister	Fassade	V: Offene Vorsteuern. sonstige	0 %	-	4.000,00-
	Summe	64.800,00							

Was soll eine Buchhaltung leisten?

In erster Linie muss eine Buchhaltung wohl fiskalischen Anforderungen genügen, weil sich die wichtigsten Steuern heute an Umsatz und Gewinn orientieren. Natürlich sind aber Informationen über Art und Höhe von Aufwand und Ertrag als Steuerungsgrundlagen genauso wichtig.

Daher sollte Ihnen Ihre Buchhaltung (BH) unter anderem Folgendes liefern. Es sei daher nachstehend beschrieben, was die Vorlage zu dieser Broschüre, nämlich die Software vom IMMOSYS liefert:

- ein sogenanntes Beiblatt für die Einkommenssteuererklärung,
- die Daten für die Umsatzsteuererklärung,
- die erforderlichen Abrechnungen für die Mieter,
- die Abrechnung einer im Wohnungseigentum stehenden Liegenschaft,
- die Abrechnung für den vermietenden Wohnungseigentümer,
- die gemäß Mietrechtsgesetz vorgesehene Hauptmietzinsabrechnung im Entwurf,
- die Abrechnung für die Eigentümer einer Liegenschaft (Allein- und Miteigentum).

Außerdem liefert die BH eine sogenannte Geldbilanz, das Pendant zur Bilanz in der LBH. Diese Geldbilanz liefert alle Informationen über den Geldbestand.

Zur Klarstellung: Die Buchhaltungssumme bildet den Saldo aus Einnahmen und Ausgaben also immer den theoretischen Geldbestand. Dieser stellt aber praktisch nie das Nettovermögen der Buchhaltung/des BH-Eigners dar, sondern setzt sich im einfachsten Fall auch aus Beträgen zusammen, die andere noch zu bekommen haben, wie z.B. das Finanzamt noch eine im Saldo enthaltene Umsatzsteuer. Der Saldo besteht also nicht aus dem vorhandenen Geld, sondern auch aus Forderungen und Verbindlichkeiten, die in der Geldbilanz dargestellt werden.

Die Ergebnisse liefert die IMMOSYS-Software automatisch, also ohne ergänzende Handarbeit unter der Voraussetzung, dass richtig gebucht wurde, worunter in erster Linie die richtige Kontierung zu verstehen ist.

Jedes Konto im Kontenplan hat mehrere Auszeichnungen, die mit den gewünschten Abrechnungen korrelieren. Somit können Konten den Betriebskosten zugeordnet werden und andere der Mietzins- oder Instandhaltungsabrechnung. Damit können aber auch Konten mehreren Abrechnungen zugeordnet werden, wie zB neben der Mietzinsabrechnung dem Beiblatt zur Einkommensteuererklärung und insbesondere den Abrechnungen einerseits nach ZBH- und andererseits LBH-Regeln, womit aus der gleichen BH Ergebnisse für beide BH-Arten, Zahlungs-BH und Leistungs-BH, gewonnen werden können.

Bei der Kontierung empfiehlt es sich daher, insbesondere im Zweifel, einen Blick auf die Auszeichnung zu werfen.

Bevor wir auf Details der Auszeichnungen eingehen oder uns mit Buchungsaufgaben beschäftigen, wollen wir einige wichtige Hinweise gerade im Hinblick auf die Immobilien-BH anbringen:

Rechtliche Rahmenbedingungen

In der Folge soll auf rechtliche Rahmenbedingungen, darunter auch einige widersprüchliche Vorschriften hingewiesen werden und erläutert werden, wie diese Probleme gelöst wurden oder ob sie ungelöst bleiben. Diese Probleme stehen im engen Zusammenhang mit

- Rechnungsdatum,
- Fälligkeitsdatum und
- Zahlungsdatum.

Das Rechnungsdatum ist vor allem für die Umsatzsteuer bei SOLL-Versteuerung von Bedeutung (siehe Seite 20), weil die Zuordnung bei der Behandlung derselben nicht etwa vom Zahlungsdatum abhängt, sondern vom Rechnungsdatum. Offene Rechnungen sind daher am Jahresende einzubuchen (umzubuchen), auch wenn sie sonst vereinfachender Weise nur mit der Zahlung verbucht werden. Damit ist gewährleistet, dass Umsatzsteuer und Vorsteuer termingerecht behandelt werden.

Nach dem Mietrecht sind Betriebskosten (BK) nach Fälligkeit zu verrechnen. Beispielsweise wird daher eine Versicherungsprämie, die am 2. Jänner fällig ist, zwar meist heuer noch bezahlt, darf aber nicht verrechnet werden. Umgekehrt sind BK-Rechnungen, die heuer noch fällig sind, aber nicht bezahlt wurden, noch erfolgswirksam einzubuchen. Erfolgswirksam heißt, sie gehen in die Abrechnung schon ein, obwohl sie noch nicht bezahlt wurden.

Damit befinden wir uns im Widerspruch zu den Vorschriften hinsichtlich der Abrechnung im Wohnungseigentum. Diese hat nur den Geldverkehr, also das Zahlungsdatum, zu berücksichtigen. Das Problem ist (im gemischten Objekt) unlösbar. Weil aber Verletzungen bei der Verbuchung von BK nach Fälligkeit böse Folgen im Mietrecht nach sich ziehen können und Wohnungseigentümer schon stark ausgeprägte querulatorische Neigungen besitzen müssen, um die kurze Verschiebung meist kleiner Beträge zu beanstanden, werden BK sinnvollerweise immer nach Fälligkeit abgerechnet und dementsprechend verbucht. Wer solche Widersprüche vermeiden will, kann nur versuchen die Fälligkeiten anders zu ordnen.

Abrechnungen sollten frei von Ballast sein. Ballast ist alles was im Ergebnis den Abrechnungsempfänger gewöhnlich nicht wirklich betrifft. Wir sprechen daher von der NETTO-NETTO-NETTO-Abrechnung, wenn wir meinen, dass z.B. weder Betriebskosten, noch Umsatzsteuer, noch Zahlungsdifferenzen (der Mieter) dem Hauseigentümer verrechnet werden. Dies wird auch von der Finanz so akzeptiert; gemeint sind die ersten beiden NETTO, denn das Dritte hat mit der Finanz nur am Rande zu tun. Im Wohnungseigentum wird auch üblicherweise die Umsatzsteuer nicht in die Jahresabrechnung aufgenommen, denn sie muss definitionsgemäß ohnehin einen Nullsaldo liefern. Die Zahlungssalden der Miteigentümer sind nur zu berichten, denn sie sind allein Angelegenheit des Verwalters.

Nur am Rande vermerkt: Ungelöst ist theoretisch auch ein anderes Problem bei der Einkommensteuererklärung in Bezug auf Zahlungsdifferenzen bei den Mieten. In der ZBH sind im Fall der Nettoverrechnung, wie in der vorliegenden BH, ertragsteuerlich Umsatzsteuern außer Ansatz zu lassen, Minder- oder Mehrzahlungen aber zu berücksichtigen. Dazu müsste man aus diesen Differenzen theoretisch die Umsatzsteuer herausrechnen. Es fragt sich hierbei nur:

Was hat der Schuldner nicht bezahlt? Die Heizkosten mit 20% USt oder den Hauptmietzins mit 10%? Die pragmatische Antwort lautet aber: Als SOLL-Versteuerer wurde die USt zur Miete abgeliefert und stellt daher tatsächlich eine Ausgabe anderer Art dar als die sonstigen USt-Durchlaufposten und es sollte daher unbedenklich sein Zahlungsdifferenzen der Debitoren brutto in der Ertragsrechnung zu berücksichtigen.

Damit sind wir beim Thema

SOLL/IST-Versteuerung

Es geht hier um die Umsatzsteuer bzw. um die Vorschriften wie diese mit dem Finanzamt abzurechnen ist. Fiskalischer Standard im Immobilienbereich ist die IST-Versteuerung. Das bedeutet, dass sich die Umsatzsteuerabrechnung mit dem Finanzamt ausschließlich nach bezahlter und erhaltener Umsatzsteuer richtet. Das ist nicht unlogisch, da es sich ja um eine Zahlungsbuchhaltung handelt. Dennoch ist diese Form der Behandlung der Umsatzsteuer unsinnig. Die SOLL-Versteuerung, also die Versteuerung nach vereinbarten Entgelten, anstelle der Versteuerung nach vereinnahmten Entgelten (IST-Versteuerung) ist aber aus vielen Gründen die weitaus bessere Lösung. Nur bei SOLL-Versteuerung sind zB aus der gleichen BH die Ergebnisse sowohl nach ZBH als auch nach LBH-Egeln erzielbar. Aber es gibt noch viele andere Gründe.

Die SOLL-Versteuerung muss beantragt werden. Das bedeutet, dass nicht mit dem Zahlungs- sondern mit dem Rechnungsdatum zu fatieren ist.

Auf Grund des Vorgesagten baut alles Weitere auf der SOLL-Versteuerung auf. Auf die IST-Versteuerung wird in diesem Buch nicht weiter eingegangen. Die zahllosen Richtlinien der Finanz zu Grenzfragen der IST-Versteuerung sprechen als Gegenargument für sich.

Die Vorschrift im Wohnungseigentum „die Ausgaben zu verusten“, was eigentlich bedeutet, dass den Ausgaben (fiktive) SOLL-Einnahmen in gleicher Höhe gegenüberzustellen sind, für welche die Umsatzsteuer abzuführen ist, ist eigentlich der fiskalische Auftrag zur ausschließlichen SOLL-Versteuerung. Aber das weiß nicht einmal das Finanzamt.

Vorsteuerkürzung

Anstatt die Umsatzsteuer im Immobilienbereich zu streichen und diesen unecht zu befreien ist der Gesetzgeber, aus welchen Gründen auch immer, auf die Idee gekommen eine Vorsteuerkürzung und so in Teilbereichen die unechte Befreiung einzuführen. Das macht die Umsatzsteuerberechnung und -erklärung nicht gerade einfacher. Verlangt wird die Vorsteuerkürzung vom Fiskus immer dann, wenn der Nutzungsberechtigte der Immobilie bzw. eines Anteiles (Eigentumswohnung, Mietwohnung, Geschäftslokal, etc.) nicht umsatzsteuerpflichtig ist und nicht zu Wohnzwecken vermietet wurde bzw. nicht dazu genutzt wird. Allfällige Ausnahmen sind hier nicht unser Thema. Es sind daher vom Liegenschaftsverwalter im WE bzw. Hausbesitzer die Vorsteuern hinsichtlich dieser befreiten Anteile zu kürzen und dem Nutzer ggf. zu verrechnen. Bei Mietverhältnissen bedarf es einer einschlägigen Vereinbarung. Die Kürzung hat nach dem für den betroffenen Abrechnungskreis geltenden Schlüssel zu erfolgen. Die Kürzung kann unterbleiben, wenn der Liegenschaftsanteil von dem Geschäftsfall nicht betroffen ist. ZB: Wird die Fassade des Hauses mit Ausnahme des Erdgeschosses wärmegedämmt, so muss für einen befreiten Mieter im EG keine Kürzung durchgeführt werden.

Begriffsbestimmungen

Abrechnungskreis

Abrechnungskreis ist die Zusammenfassung von Buchungen (Bewegungen) zu einer eigenen Abrechnung, z.B. Betriebskosten; meist wegen des unterschiedlichen Verrechnungsschlüssels

Einheit
Unter Einheit ist beispielsweise eine Eigentumswohnung oder ein Mietobjekt zu verstehen. Der Begriff Objekt sei der gesamten Liegenschaft oder Teilen davon, wenn diese eine „Abrechnungseinheit“ bilden, vorbehalten.

Objektabrechnung
Darunter versteht man eine Liegenschaftsabrechnung oder eines Teiles davon. Objektabrechnung ist daher der Sammelbegriff für die Abrechnung meist aller Abrechnungskreise.

Saldenabrechnung
Aus den Einnahmen und aus den Ausgaben des der Abrechnung zugrunde liegenden Abrechnungskreises wird ein Saldo gezogen, der zur Verrechnung gelangt. D.h., dass beispielsweise bei der Betriebskostenabrechnung die Soll-Einnahmen bzw. die Akonti des gesamten Hauses den Betriebskostenausgaben gegenübergestellt werden und der Saldo im Verrechnungsmonat eingehoben oder zurückbezahlt wird. Dieser Teil der Objektabrechnung ist für die Abrechnung der Betriebskosten in Mietshäusern Tradition und bestens geeignet.

Summenabrechnung
Bei der Summenabrechnung bleiben die Einnahmen außer Ansatz und es werden nur die Ausgaben summiert. Diese Ausgabensummen je Abrechnungskreis werden zuerst auf die Abrechnungseinheiten aufgeteilt und erst die Summe der anteiligen Ausgaben eines jeden Abrechnungskreises wird den einheitenbezogenen Einnahmen gegenübergestellt. Diese Art der Objektabrechnung ist für Wohnungseigentum am besten geeignet.

USt-Abrechnung

Diese Abrechnung liefert im Ergebnis den Saldo, der per USt-Erklärung mit dem Finanzamt auszugleichen ist.

Hauseigentümerabrechnung

Die Hauseigentümerabrechnung ist jener Teil der Objektabrechnung, die den Eigentümer betrifft und sie enthält auch die persönlichen Konten des Hauseigentümers.

Primärabrechnungen

Unter Primärabrechnungen verstehen wir alle jene Abrechnungen, die in ihrer Summe den Geldsaldo ergeben. Die Primärabrechnungen bestehen daher aus der Objektabrechnung inkl. der Umsatzsteuerabrechnung und der Abrechnung der bisher gebuchten Bestände, also vor Umbuchung der Abrechnungsergebnisse.

Sekundärabrechnungen

Unter Sekundärabrechnung verstehen wir alle jene Abrechnungen, die neben den Primärabrechnungen erforderlich sind. Dazu gehört insbesondere die Überschussrechnung für das Finanzamt, also das Beiblatt, sowie die mietrechtliche Hauptmietzinsabrechnung. Diese Abrechnungen sind über den Banksaldo nicht kontrollierbar, sie sind aber so gestaltet, dass weitere Teile dieser Abrechnungen die Differenzen zu den äquivalenten Primärabrechnungen ausweisen und so mit diesen automatisch abgestimmt werden.

Unterjährige Abrechnung

Die Unterjährige Abrechnung ist eine solche die nicht nur am Jahresende erstellt wird. Bedeutung hat sie eigentlich nur bei der Hauseigentümerabrechnung, die auf Wunsch des Eigners für einen unterjährigen Zeitraum des Jahres erstellt werden. Meist handelt es sich um Monats-, Quartals- oder Halbjahresabrechnungen. Die monatliche Betriebskostenabrechnung hat kaum noch Bedeutung.

Jahres- oder Periodenabrechnung
Um diese handelt es sich, wenn ein vollständiges Kalenderjahr oder eine vollständige Periode abgerechnet wird.

Year-to-date-Abrechnung
Von dieser Abrechnung sprechen wir, wenn der Buchungsstand abgerechnet wird, obwohl die Periode noch nicht zu Ende gebucht ist. ZB Excel-Programme liefern „stehende" Abrechnungsergebnisse. D.h. die Salden aller Abrechnungskreise sind entsprechend dem Buchungsstand immer verfügbar.

Gebarungsausweis
Darunter verstehen wir die Abrechnung der Gebarung für den Hauseigentümer, also Bewegungen die für ihn persönlich durchgeführt wurden, einschließlich seines Hausergebnisses oder anteiligen Ergebnisses an der Hausabrechnung im Fall von Miteigentum.

Bestandsabrechnung oder Geldbilanz
Diese Abrechnung fasst alle in den Bestand übernommenen Primärabrechnungsergebnisse und sonstigen Bestandskonten zusammen, die gemeinsam den Banksaldo ergeben müssen.

Vorverrechnete Kosten
Von vorverrechneten Kosten sprechen wir, wenn für Leistungen, welche die Gemeinschaft bzw. der Vermieter zur Verfügung stellt, voraus Kostenbeiträge vom Leistungsempfänger zu entrichten sind. Beispiel: Waschmarken,

Nutzungsentgelt in der Gemeinschaftsgarage. Es handelt sich also um Kostenersätze, die den zu verrechnenden Aufwand vorweg mindern.

Verwohnung
Das ist jener Teil des Hauptmietzinses, der von der Vorauszahlung oder dem (förderungsrechtlichen) Baukostenzuschuss monatlich abgebucht (verwohnt) wird, um welchen sich also der voraus erlegte Betrag vermindert und der gleichzeitig den Hauptmietzinserlös erhöht.

Kurzfassung (einer Abrechnung)
Von einer Kurzfassung der Abrechnung spricht man, wenn sie nur die Konten- bzw. Kostenstellensummen enthält.

Langfassung (einer Abrechnung)
Von einer Langfassung der Abrechnung spricht man, wenn sie die einzelnen Zahlungen auflistet, die zu den jeweiligen Konto- oder Kostenstellensummen (Abrechnungskreissummen) aufaddiert werden.

Abrechnungen

Wie schon im Vorwort angekündigt beginnen wir mit den Ergebnissen der Buchhaltung, nämlich den Abrechnungen. Diese finden Sie im Anhang. Nachfolgend sind nur Übersichten und Aufbau erläutert.

Der Mietenabrechnung für den Hauseigentümer werden keine weiteren Zeilen gewidmet, weil sie keiner Erläuterung bedarf und sie sich im Aufbau von der nachfolgend beschriebenen Wohnungseigentumsabrechnung nicht unterscheidet. Siehe Seite 40.

Die Langfassung entspricht im Aufbau den äquivalenten Listen der Wohnungseigentumsabrechnung (WE-Abrechnung), die wir im Folgenden beschreiben.

Die WE-Abrechnung:

Beginnen wir mit den Erläuterungen, die zumindest der ersten vom Verwalter an einen Wohnungseigentümer gelegten Abrechnung beiliegen sollten.

=== OOO ===

Die vorliegende Jahresabrechnung besteht aus:

I) dem *Kontoauszug* des laufenden Jahres, aus welchem Sie den aktuellen Gesamtsaldo entnehmen können.

II) dem *Kontoauszug* des Vorjahres

III) der *Jahresrechnung*, aus der Sie die anteilige Belastung und die auf Sie entfallene Umsatzsteuer entnehmen können, sowie den Stand der Reparaturfonds.

IV) der nach Kostenarten gegliederten Haus- oder *Objektabrechnung*. Diese besteht aus:

a) der Abrechnung *Objektabrechnung – Kontensalden – Ergebnissalden*, in der aus den Kontensalden die aufzuteilenden Abrechnungsergebnisse (Kostenartensummen) ermittelt werden und

b) der Abrechnung *Objektabrechnung – Buchungszeilen – Kontensalden*, die darstellt, aus welchen Buchungen sich die Kontensalden ergeben.

V) der Miteigentümerrückstandsliste (*Debitorenstammdaten und -Periodensalden*)

Die Abrechnung liegt Ihnen chronologisch vor, wobei wir Ihnen das Ergebnis zuoberst präsentieren. Wollen Sie die Entwicklung der Zahlen verfolgen, müssen Sie bei der letzten Seite der Abrechnung zu lesen beginnen, wobei die Seitennummerierung für Sie nicht relevant ist.

ad I) **Kontoauszug des laufenden Jahres:**

Dieser liegt der Abrechnung dann bei, wenn bereits einige Zeit seit dem Jahresanfang verstrichen ist und es somit sinnvoll erscheint Sie bereits über die Entwicklung Ihres Kontos bis zum Abrechnungszeitpunkt zu informieren. In diesem Kontoauszug finden Sie auch unter dem Titel „Vorjahresabrechnung“ die erforderliche Nachzahlung als Lastschrift oder die erforderliche Rückzahlung als Gutschrift verbucht. Der Kontoauszug weist daher in seinem Saldo nicht nur die erforderliche Nach- oder Rückzahlung aus, sondern der Saldo beinhaltet auch alle Differenzen zwischen dem Zahlungsverkehr und den bisherigen Vorschreibungen. Es handelt sich also um jenen Betrag, der bewegt werden müsste um das Konto glatt zu stellen.

ad II) **Kontoauszug des Vorjahres:**

Um Ihnen eine Übersicht darüber zu geben, was wir Ihnen im vergangenen Jahr vorgeschrieben haben und was Sie bezahlt haben oder zurückbezahlt bekommen haben, liegt dieser Abrechnung ein Kontoauszug bei.

Die Kontoauszüge enthalten auch eine Spalte *„darin UST“*. Diese Spalte dient nur der Information über die jeweils in der Buchung enthaltene Umsatzsteuer.

ad III) **Jahresrechnung (über Ihren Liegenschaftsanteil):**

In dieser Rechnung finden Sie neuerlich die Summen über den Liegenschaftsgesamtaufwand. Unter Angabe des Verrechnungsschlüssels, welcher als Bruch dargestellt ist, wird Ihnen Ihr Anteil je Kostenart vorgerechnet, die Summe samt Umsatzsteuer gebildet und diese der Summe der bisher vorgeschriebenen Vorauszahlungen gegenübergestellt. Die Differenz zwischen Jahresgesamtaufwand und dem bisher Vorgeschriebenen ergibt die erforderliche **Nach- oder Rückzahlung**. Außerdem wird die Restzahllast/-gutschrift der Umsatzsteuer ausgewiesen.

ad IV) **Haus- bzw. Objektabrechnung:**

In der *Objektabrechnung – Kontensalden – Ergebnissalden* finden Sie die Ergebnisse je Abrechnungskreis, welche der Übersichtlichkeit wegen, hier nur aus den Kontensalden gebildet werden. Die 20 Abrechnungskreise (Aufwands- und Ertragsarten) sind:

1) Je Darlehen (1. – 7. Abrechnungskreis):
   - o Zinsen
   - o Tilgung und Zuzählung
   - o Zuschuss

8) Rücklage, allgemein: Zuführung & Ausschüttung
9) Rücklage, sonstige (Lift): Zuführung & Ausschüttung
10) Komponente lt. Abrechnungserläuterung
11) Allgemeine Betriebskosten
12) Liftkosten
13) Heizungskosten
14) Warmwasserkosten
15) Sonstige Aufwendungen (zB Garten)
16) Verwaltungskosten
17) Instandhaltung und sonst. Investitionen
18) Finanzierungskomponente bei (geförderten) darlehensfinanzierten Sanierungen
19) Habenzinsen – Versteuerte Erträge
20) Mieterträge – Unversteuerte Erträge

Es kommen in Ihrer Abrechnung meistens nur einige dieser Abrechnungskreise vor.

Belegsammlung:

In die Belege zur Abrechnung können Sie gemäß Ankündigung Einblick nehmen. Die Belege sind den Kontoauszügen per Zahlungsdatum zugeordnet. Das Zahlungsdatum ist in der Abrechnung angeführt. Beachten Sie bitte, dass in der Abrechnung nur die Nettobeträge der Belege aufscheinen.

ad V) **Miteigentümerrückstandsliste:**

Aus dieser können Sie entnehmen, ob und inwieweit die Miteigentümer ihren Zahlungsverpflichtungen nachgekommen sind.

Bei einem Abrechnungsguthaben bitten wir um Ihre Weisung.

=== OOO ===

Es folgt nun die Abrechnung, die aus einem generellen (Objektabrechnung) und einem individuellen Teil (einheitenbezogene Jahresrechnung und Kontoauszügen) besteht. Siehe Seite 40. Es handelt sich um eine Summenabrechnung.

Diese Art der Abrechnung hat folgende Vorzüge:

- die unter Punkt III beschriebene Jahresrechnung weist alle anteiligen Aufwände und Erträge samt Umsatzsteuer aus,
- sie stellt deshalb auch den Umsatzsteuerausweis dar, den vermietende WE brauchen um die geltend gemachten Vorsteuern nachweisen zu können.
- Eine eigene Rücklagenabrechnung erübrigt sich damit, denn sie ist schon enthalten.

Erläuterung für den Verwalter:

Branchenüblich ist eine getrennte Abrechnung von periodisch wiederkehrenden Ausgaben und des sogenannten Reparaturfonds bzw. der Rücklage. Diese Methode führt nicht nur manchmal zu Kopfschmerzen, sondern sie ist umständlich. ZB wird auch der Umsatzsteuerausweis kompliziert und ist meist nicht nachzuvollziehen. Wesentlich einfacher ist es die Reparaturausgaben, damit sind insbesondere Instandhaltungsausgaben einschließlich des Instandsetzungs- und Herstellungsaufwandes, gemeint, in die Abrechnung zu integrieren und hinsichtlich des Reparaturfonds nur einen Abrechnungskreis „Zuführung zur und Ausschüttung aus der Rücklage“ zu bedienen. Diese

Methode ermöglicht es alle Abrechnungskreise mit der Rücklage kommunizieren zu lassen. So ist es möglich damit auch Belastungsspitzen beispielsweise durch eine Hausbesorgerabfertigung oder Wärmeverbrauch, etc. abzufangen.

Mit dieser Methode ist auch sichergestellt, dass Abrechnungen immer schlüsselrichtig erfolgen. Will man zB die Abfertigung des Hausbesorgers aus der Rücklage bezahlen und handelt es sich um ein gemischtes Haus, so sind Betriebskosten und damit die Abfertigung nach der Nutzfläche abzurechnen, während die Rücklage aber meist nach Nutzwerten eingehoben wurde. Da die beschriebene Abrechnungsmethode nicht saldiert, sondern den erforderlichen Betrag nach dem gleichen Schlüssel ausschüttet wie beim Inkasso und gleichzeitig nach dem BK-Schlüssel den hohen Debetsaldo aus der BK-Abrechnung einhebt, ist die schlüsselrichtige Gestaltung gegeben.

Buchungsmethode

Wir kommen nun zu Buchungsaufgaben. Dazu ist es erforderlich ein wenig über die hier angewandte Buchführungsmethodik zu informieren. Diese ist der IMMOSYS-Software entnommen. Die Erläuterung dient dem Zweck den Kontext der beschriebenen Beispiele zu verstehen.

Da wir es mit einer ZBH zu tun haben, buchen wir in der Regel Bankbewegungen. Dazu kommen erforderlichenfalls Umbuchungen, die naturgemäß in Summe NULL ergeben. Daraus folgt, dass der Buchhaltungssaldo immer aus der Summe der Salden der Bankkonten bestehen muss. Daher besteht das Hauptbuch schlichtweg aus einer Liste der Einnahmen und Ausgaben und insoweit es sich um Umbuchungen handelt um fiktive Einnahmen und Ausgaben. Es hat sich aber als zweckmäßig erwiesen, Debitorenbuchungen in einer eigenen Liste zu erfassen. Zum besseren Verständnis der nachfolgenden Beispiele wird in der Folge beschrieben, wie das Hauptbuch gestaltet ist. Es besteht aus folgenden Spalten, bzw. eine Zeile besteht aus folgenden Angaben:

- Datum
- Betrag (Bruttobetrag)
- Konto
- Kreditor
- Buchungstext
- Bezeichnung des Kontos (die liefert das Programm aus dem Kontenplan)

Die weiteren Spalten in den Beispielen sind schon Rechenergebnisse, nämlich

- Umsatzsteuersatz (USt-%),
- Umsatzsteuer (USt) und
- Nettobetrag (Netto)

Das Konto wird mit einer weiteren Stelle angegeben. Diese dient der Information über die enthaltene Umsatzsteuer.

- 0 Standardauszeichnung (das Programm nimmt die USt-Info aus dem Blatt KA Kontenauszeichnungen)
- 1 Erlös mit 0 % Umsatzsteuer
- 2 Erlös mit 10 % Umsatzsteuer
- 3 Erlös mit 20 % Umsatzsteuer
- 4 Erlösminderung (ohne Umsatzsteuer)
- 5 Aufwandsminderung oder Verrechnung (ohne Umsatzsteuer)
- 6 Aufwand 0 % Umsatzsteuer

- 7 Aufwand 10 % Umsatzsteuer
- 8 Aufwand 20 % Umsatzsteuer
- 9 Umsatzsteuerverrechnung (intern)

Beispiel - Angabe: 618 wird durch das Format zu 61-8 und bedeutet Konto 61 (Instandhaltung); enthalten sind 20 % Umsatzsteuer

In einer neuen Version, entnimmt bei Angabe der Standardauszeichnung (0) das Programm den Umsatzsteuersatz aus dem Kontenplan, denn dieser ist nun dem Konto direkt zugeordnet. Alle anderen Auszeichnungen behalten ihre Bedeutung wie bisher.

Buchungsaufgaben

Wie schon gesagt buchen wir im Normalfall anlässlich der Zahlung. Daher bedarf es für all diese Buchungen keiner weiteren Erklärung. Sind jedoch Umbuchungen vorzunehmen, wie im eingangs erwähnten Beispiel „Hauseigentümer bringt bezahlt die Rechnung“, so stellt dies schon gewisse Anforderungen an den Buchhalter. In der Folge sind daher, wie der Autor hofft, fast alle derartigen Aufgaben mit nachfolgenden Beispielen erörtert. Die Buchungen zu den im Folgenden verbal beschriebenen Beispielen finden Sie in der Excelliste auf Seite 36:

1. Hauseigentümer bringt bezahlte Rechnung noch im Jahr der Zahlung und zwar am 3.12.2021.
   Obwohl die Zahlung durch den HE eigentlich schon im Mai erfolgte, buchen wir sie mit dem Empfangsdatum ein, da wir die Umsatzsteuervoranmeldung für Mai nicht mehr korrigieren wollen bzw. können.

2. Hauseigentümer bringt am Jahresende unbezahlte Rechnung.
   Zahlung erst nächstes Jahr möglich. Beachten Sie bitte, dass die Gegenbuchung getrennt nach Netto und USt zu erfolgen hat um nicht den Erfolg in der Abrechnung um die noch nicht bezahlte USt zu erhöhen. Es empfiehlt sich auf einer Rechnungskopie, die Sie unter den zu zahlenden ablegen, die Verbuchung zu vermerken. Die Originalrechnung kommt zur Buchung.
3. Zahlung der Rechnung im nächsten Jahr.
   Beachten Sie, dass Sie nun die im Vorjahr bebuchten Konten zu verwenden haben.
4. Zahlung einer Teilrechnung.
   Obwohl die Rechnung ein Datum aus dem Vorjahr trägt, wird sie erst bei Zahlung umsatzsteuergerecht verbucht. Dies gilt auch für Schlussrechnungen. Es handelt sich um eine Ausnahme von der Regel.
5. Weissenbeck legt Rechnung über den Winterdienst. Vereinbart ist die Hälfte erst im nächsten Jahr zu bezahlen. Buchung auf Kopie notieren und nächstes Jahr die 2. Hälfte zahlen.
6. Wohnungseigentum: Darlehensraten sind am 10. Jänner fällig.
   Die Ansparung dazu erfolgte logischerweise im Jahr davor. Entweder man zahlt doch noch im Dezember oder man bucht bei Zahlung im neuen Jahr wie beschrieben; ausnahmsweise nicht zahlungsgerecht. Das Verbindlichkeitenkonto 42 ist auch in ZBH immer ein Bestandskonto, wie auf Seite 13, Ziff.2 beschrieben. Dieses Konto ist auch hier verwendbar.

7. Versicherungsprämie fällig am 1. Jänner.
   Das Beispiel gleicht dem vorigen, nur ist die Buchungslage invers. Die Zahlung erfolgt noch heuer, aber von einem Bestandskonto. Zum Aufwand wird die Prämie erst im nächsten Jahr.
8. Vergessene oder nachzuholende Honorarüberweisung.
   Der Aufwand wird auf dem Verwalterverrechnungskonto gegengebucht, auf welchem im nächsten Jahr die Zahlung zu verbuchen ist.
   Anmerkung: In diesem Fall spielt die verspätete Zahlung sowieso keine Rolle, da es sich um Betriebskosten handelt, die sowieso nach Fälligkeit zu verrechnen sind. In allen anderen Fällen lässt sich in der gleichen Situation aber argumentieren, dass bei Machthabung über beide Buchhaltungen dies keine Rolle spielen sollte, weil ja in beiden Buchhaltungen die Zahlung im Vorjahr verbucht wurde. Es darf daher in der Verwaltungsbuchhaltung die äquivalente Buchung nicht vergessen werden.
9. Die darlehensgebende Bank bucht die Geldbeschaffungskosten (GBK) direkt von Darlehenskonto ab. Es muss die Zuzählungssumme ergänzt werden und die GBK müssen als Aufwand verbucht werden.
10. Die Umsatzsteuer in einer hohen Rechnung wird nicht bezahlt, sondern verrechnet.
    Wir buchen zunächst die Rechnung zum Zahlungsdatum des Nettobetrages ein und stellen den Überrechnungsantrag an das FA. Bei Erhalt der Buchungsmitteilung des FA buchen wir die Verrechnung der Umsatzsteuer.

Damit sind die wohl häufigsten Umbuchungen beschrieben und bemustert.

Wolfhard Kopatschek, Leibnizgasse 46 - 1100 Wien

Häufig erforderliche Umbuchungen

Aufg.	Datum	Brutto	Konto	Kreditor	Buchungstext	Kontobezeichnung	Ust-%	Ust	Netto
01	03.12.2021	6.000,00-	61-0	Huber	Fensterreparatur	Erhaltungsausgaben	-20 %	1.000,00-	5.000,00-
01	03.12.2021	6.000,00	135-0	HE	Fensterreparatur	Gut-/Lastschriften Hauseigentümer	0 %	-	6.000,00
02	31.12.2021	6.000,00-	61-3	Huber	Fensterreparatur	Erhaltungsausgaben	20 %	1.000,00-	5.000,00-
02	31.12.2021	5.000,00	47-0	Huber	Fensterreparatur	V: Offene Rechnungen Erhaltung	0 %	-	5.000,00
02	31.12.2021	1.000,00	46-0	Huber	Fensterreparatur	V: Offene Vorsteuern. sonstige	0 %	-	1.000,00
03	10.01.2022	5.000,00-	47-0	Huber	Fensterreparatur	V: Offene Rechnungen Erhaltung	0 %	-	5.000,00-
03	10.01.2022	1.000,00-	46-0	Huber	Fensterreparatur	V: Offene Vorsteuern. sonstige	0 %	-	1.000,00-
04	03.01.2022	12.000,00-	62-0	Mayer	1 TR. Fassade	Instandsetzungsausgaben	-20 %	2.000,00-	10.000,00-
05	28.10.2021	696,00-	90-8	Weissenbeck	Winterdienst	BK: Hausbetreuungskosten	-20 %	116,00-	580,00-
05	28.10.2021	580,00	47-0	Weissenbeck	Winterdienst	V: Offene Rechnungen Erhaltung	0 %	-	580,00
05	28.10.2021	290,00-	47-0	Weissenbeck	½ Winterdienst	V: Offene Rechnungen Erhaltung	0 %	-	290,00-
06	31.12.2021	7.000,00-	152-0	ERSTE	Rate per 10.1. 2022	Tilgung-1 - Darlehen 1: Tilgung	0 %	-	7.000,00-
06	31.12.2021	1.000,00-	151-0	ERSTE	Rate per 10.1. 2022	Zinsen--1 - Darlehen 1: Zinsen	0 %	-	1.000,00-
06	31.12.2021	8.000,00	42-0	ERSTE	Rate per 10.1. 2022	V: Offene BK-Rechnungen	0 %	-	8.000,00
06	10.01.2022	8.000,00-	42-0	ERSTE	Rate per 10.1. 2022	V: Offene BK-Rechnungen	0 %	-	8.000,00-
07	20.12.2021	4.500,00-	42-0	Städtische	Haftpflichtversicherung	V: Offene BK-Rechnungen	0 %	-	4.500,00-
07	01.01.2022	4.500,00	42-0	Städtische	Haftpflichtversicherung	V: Offene BK-Rechnungen	0 %	-	4.500,00
07	01.01.2022	4.500,00-	88-0	Städtische	Haftpflichtversicherung	BK: Versicherungsprämien	0 %	-	4.500,00-
08	31.12.2021	1.200,00-	89-0	IMMOSYS	Honorar 2021	BK: Verwaltungskosten	-20 %	200,00-	1.000,00-
08	31.12.2021	1.200,00	98-0	IMMOSYS	Honorar 2021	Verwalterverrechnungskonto	0 %	-	1.200,00
08	10.01.2021	1.200,00-	98-0	IMMOSYS	Honorar 2021	Verwalterverrechnungskonto	0 %	-	1.200,00-
09	17.08.2021	3.500,00-	64-0	ERSTE	GBK Sanierung	Geldbeschaffungskosten	0 %	-	3.500,00-
09	17.08.2021	3.550,00	221-0	ERSTE	GBK Sanierung	Darlehen 1 - Zuzählung und Tilgung	0 %	-	3.550,00
10	10.05.2021	120.000,00-	63-0	Lugner	1. TR DG-Ausbau	Herstellungsaufwand (ohne San.)	-20 %	20.000,00-	100.000,00-
10	10.05.2021	100.000,00	49-0	Lugner	1. TR DG-Ausbau	V: Offene Rech. Herstellung	0 %	-	100.000,00
10	10.05.2021	20.000,00	46-0	Lugner	1. TR DG-Ausbau	V: Offene Vorsteuern. sonstige	0 %	-	20.000,00
10	09.06.2021	20.000,00-	46-0	Lugner	1. TR Verr. Ust	V: Offene Vorsteuern. sonstige	0 %	-	20.000,00-
10	09.06.2021	20.000,00	142-0	FA	1. TR Verr. Ust Lugner	UST: Zahlungen laufendes Jahr	0 %	-	20.000,00

Musterabrechnungen

Mietrechtliche Betriebskostenabrechnung

Kurzfassung

IMMOSYS Immob.- Geb.sanierungs- und Handelsges.m.b.H., 1100 Wien, Leibniz-Gasse 46, Tel.: 606 17 70, Fax DW: 17

X:\VERWALTUNG\Literatur\9999 neu\HH24 Anonym\[H9999-A.xls]OK

Hxx Hausinhabung Mustergasse 1, 1000 Wien - Max Mustermann

Objektabrechnung - Konten- und Ergebnissalden

Betriebskosten 11

Konto	Kontobezeichnung	Kontosalden	Vorjahr
011	BK - Betriebskosten	33.600,00	32.400,12
081	BK: Wasser. Abwasser	6.815,24-	7.057,07-
083	BK: Rauchfangkehrerkost	198,44-	193,60-
085	BK: Grundsteuer, Unratabfuhr	4.440,89-	4.279,23-
086	BK: Schädlingsbekämpfung	209,69-	92,38-
087	BK: Stiegenhausbeleuchtung	443,91-	474,85-
088	BK: Versicherungsprämien	3.100,51-	3.054,20-
089	BK: Verwaltungskosten	5.649,57-	5.424,25-
090	BK: Hausbetreuungskosten	11.521,00-	11.273,65-
Ergebnis 11	**Betriebskosten**	**1.220,75**	550,89
Summe	**Stimmt!**	**1.220,75**	550,89

Langfassung

IMMOSYS Immob.- Geb.sanierungs- und Handelsges.m.b.H., 1100 Wien, Leibniz-Gasse 46, Tel.: 606 17 70, Fax DW: 17

Hxx Hausinhabung Mustergasse 1, 1000 Wien - Max Mustermann

Objektabrechnung - Buchungszeilen und Kontensalden

Betriebskosten

Datum	Bezeichnung	Kreditor	Buchungstext	Betrag	Kont.saldo
01.01.14	BK - Betriebskosten	BK	Zinsliste 2014-01	2 688,83	
01.01.14	BK - Betriebskosten	BK	Zinsliste 2014-01	111,17	
01.02.14	BK - Betriebskosten	BK	Zinsliste 2014-02	2 688,83	
01.02.14	BK - Betriebskosten	BK	Zinsliste 2014-02	111,17	
01.03.14	BK - Betriebskosten	BK	Zinsliste 2014-03	2 688,83	
01.03.14	BK - Betriebskosten	BK	Zinsliste 2014-03	111,17	
01.04.14	BK - Betriebskosten	BK	Zinsliste 2014-04	2 688,83	
01.04.14	BK - Betriebskosten	BK	Zinsliste 2014-04	111,17	
01.05.14	BK - Betriebskosten	BK	Zinsliste 2014-05	2 688,83	
01.05.14	BK - Betriebskosten	BK	Zinsliste 2014-05	111,17	
01.06.14	BK - Betriebskosten	BK	Zinsliste 2014-06	2 688,83	
01.06.14	BK - Betriebskosten	BK	Zinsliste 2014-06	111,17	
01.07.14	BK - Betriebskosten	BK	Zinsliste 2014-07	111,17	
01.07.14	BK - Betriebskosten	BK	Zinsliste 2014-07	2 688,83	
01.08.14	BK - Betriebskosten	BK	Zinsliste 2014-08	111,17	
01.08.14	BK - Betriebskosten	BK	Zinsliste 2014-08	2 688,83	
01.09.14	BK - Betriebskosten	BK	Zinsliste 2014-09	111,17	
01.09.14	BK - Betriebskosten	BK	Zinsliste 2014-09	2 649,36	
01.09.14	BK - Betriebskosten	BK	Zinsliste 2014-09	39,47	
01.10.14	BK - Betriebskosten	BK	Zinsliste 2014-10	191,79	
01.10.14	BK - Betriebskosten	BK	Zinsliste 2014-10	2 497,04	
01.10.14	BK - Betriebskosten	BK	Zinsliste 2014-10	111,17	
01.11.14	BK - Betriebskosten	BK	Zinsliste 2014-11	111,17	
01.11.14	BK - Betriebskosten	BK	Zinsliste 2014-11	2 497,04	
01.11.14	BK - Betriebskosten	BK	Zinsliste 2014-11	191,79	
01.12.14	BK - Betriebskosten	BK	Zinsliste 2014-12	111,17	
01.12.14	BK - Betriebskosten	BK	Zinsliste 2014-12	2 497,04	
01.12.14	BK - Betriebskosten	BK	Zinsliste 2014-12	191,79	
Konto-011	**BK - Betriebskosten**		**Saldo**		**33 600,00**
16.01.14	BK: Wasser. Abwasser	Kreditor 17	Gebührenabrechnung	1 866,49-	
15.04.14	BK: Wasser. Abwasser	Kreditor 17	Gebührenabrechnung	1 428,25-	
22.07.14	BK: Wasser. Abwasser	Kreditor 17	Teilbetrag	1 760,25-	
16.10.14	BK: Wasser. Abwasser	Kreditor 17	Teilbetrag	1 760,25-	
Konto-081	**BK: Wasser. Abwasser**		**Saldo**		**6 815,24-**
06.03.14	BK: Rauchfangkehrerkost	Kreditor 11	1. Quartal	49,61-	
14.04.14	BK: Rauchfangkehrerkost	Kreditor 11	2. Quartal	49,61-	
04.07.14	BK: Rauchfangkehrerkost	Kreditor 11	3. Quartal	49,61-	
17.10.14	BK: Rauchfangkehrerkost	Kreditor 11	4. Quartal	49,61-	
Konto-083	**BK: Rauchfangkehrerkost**		**Saldo**		**198,44-**
28.01.14	BK: Grundsteuer, Unratabfuhr	Kreditor 17	Gebrauchsabgabe	15,00-	
18.02.14	BK: Grundsteuer, Unratabfuhr	Kreditor 17	1. Quartal - Müll	1 042,36-	
18.02.14	BK: Grundsteuer, Unratabfuhr	Kreditor 17	1. Quartal - Grundsteuer	64,11-	
15.05.14	BK: Grundsteuer, Unratabfuhr	Kreditor 17	2. Quartal - Müll	1 042,36-	
15.05.14	BK: Grundsteuer, Unratabfuhr	Kreditor 17	2. Quartal - Grundsteuer	64,11-	
18.08.14	BK: Grundsteuer, Unratabfuhr	Kreditor 17	3. Quartal - Grundsteuer	64,11-	
18.08.14	BK: Grundsteuer, Unratabfuhr	Kreditor 17	3. Quartal - Müll	1 042,36-	
17.11.14	BK: Grundsteuer, Unratabfuhr	Kreditor 17	4. Quartal - Grundsteuer	64,12-	
17.11.14	BK: Grundsteuer, Unratabfuhr	Kreditor 17	4. Quartal - Müll	1 042,36-	
Konto-085	**BK: Grundsteuer, Unratabfuhr**		**Saldo**		**4 440,89-**

14.04.14	BK: Schädlingsbekämpfung	Kreditor 2	Legung 01-06/2014	47,32-	
17.10.14	BK: Schädlingsbekämpfung	Kreditor 2	Legung 07-12/2014	46,94-	
31.12.14	BK: Schädlingsbekämpfung	Kreditor 2	Rattenbekämpfung	115,43-	
Konto-086	**BK: Schädlingsbekämpfung**		**S a l d o**		**209,69-**
10.02.14	BK: Stiegenhausbeleuchtung	Kreditor 9	Teilbetrag	6,00-	
10.02.14	BK: Stiegenhausbeleuchtung	Kreditor 9	Teilbetrag	60,00-	
10.02.14	BK: Stiegenhausbeleuchtung	Kreditor 9	Teilbetrag	6,00-	
10.03.14	BK: Stiegenhausbeleuchtung	Kreditor 9	Teilbetrag	60,00-	
10.03.14	BK: Stiegenhausbeleuchtung	Kreditor 9	Teilbetrag	6,00-	
10.04.14	BK: Stiegenhausbeleuchtung	Kreditor 9	Teilbetrag	60,00-	
10.04.14	BK: Stiegenhausbeleuchtung	Kreditor 9	Teilbetrag	6,00-	
12.05.14	BK: Stiegenhausbeleuchtung	Kreditor 9	Teilbetrag	6,00-	
12.05.14	BK: Stiegenhausbeleuchtung	Kreditor 9	Teilbetrag	60,00-	
11.06.14	BK: Stiegenhausbeleuchtung	Kreditor 9	Teilbetrag	60,00-	
11.06.14	BK: Stiegenhausbeleuchtung	Kreditor 9	Teilbetrag	6,00-	
10.07.14	BK: Stiegenhausbeleuchtung	Kreditor 9	Teilbetrag	60,00-	
10.07.14	BK: Stiegenhausbeleuchtung	Kreditor 9	Teilbetrag	6,00-	
11.08.14	BK: Stiegenhausbeleuchtung	Kreditor 9	Teilbetrag	60,00-	
11.08.14	BK: Stiegenhausbeleuchtung	Kreditor 9	Teilbetrag	6,00-	
18.08.14	BK: Stiegenhausbeleuchtung	Kreditor 9	Gutschrift	180,08	
10.11.14	BK: Stiegenhausbeleuchtung	Kreditor 9	Jahresabrechnung	99,99-	
10.12.14	BK: Stiegenhausbeleuchtung	Kreditor 9	Teilbetrag	56,00-	
Konto-087	**BK: Stiegenhausbeleuchtung**		**S a l d o**		**443,91-**
03.11.14	BK: Versicherungsprämien	Kreditor 15	Prämie	3 100,51-	
Konto-088	**BK: Versicherungsprämien**		**S a l d o**		**3 100,51-**
28.07.14	BK: Verwaltungskosten	Kreditor 19	Jahr 2014	5 649,57-	
Konto-089	**BK: Verwaltungskosten**		**S a l d o**		**5 649,57-**
19.12.14	BK: Hausbetreuungskosten	Kreditor 19	Zinsinkasso	1 970,00-	
19.12.14	BK: Hausbetreuungskosten	Kreditor 19	Hausbetreuung	9 551,00-	
Konto-090	**BK: Hausbetreuungskosten**		**S a l d o**		**11 521,00-**

Wohnungseigentumsabrechnung
Kurzfassung

IMMOSYS Immob.- Geb.sanierungs- und Handelsges.m.b.H., 1100 Wien, Leibniz-Gasse 46, Tel.: 606 17 70, Fax DW: 17

Eigentümergemeinschaft Mustergasse 14, 1130 Wien - Eigentümergemeinschaft

Objektabrechnung - Konten- und Ergebnissalden - Kurzfassung
Wohnungseigentumsabrechnung

Konto	Kontobezeichnung	Kontosalden	Vorjahr
158	Rücklage - Zuführ/Aussch-RL-Haus	5.000,00	19.371,20-
Ergebnis 08	**Rücklage - Zuführ/Aussch-RL-Haus**	**5.000,00**	**19.371,20-**
072	Lift: Instandhaltung	4.380,00-	811,70-
Ergebnis 10	**Lift - Liftinstandhaltung**	**4.380,00-**	**811,70-**
081	BK: Wasser. Abwasser	2.221,29-	2.062,06-
082	BK: Installateur Prüfungskost.	220,00-	220,00-
083	BK: Rauchfangkehrerkost	125,70-	122,86-
085	BK: Grundsteuer, Unratabfuhr	2.354,39-	2.354,39-
086	BK: Schädlingsbekämpfung	118,16-	115,06-
087	BK: Stiegenhausbeleuchtung	339,84-	332,80-
088	BK: Versicherungsprämien	1.744,74-	1.603,92-
089	BK: Verwaltungskosten	1.601,00-	1.540,32-
090	BK: Hausbetreuungskosten	4.929,93-	4.463,98-
Ergebnis 11	**BK - Betriebskosten**	**13.655,05-**	**12.815,39-**
071	Lift: Betriebskosten	2.385,24-	1.849,75-
Ergebnis 12	**Lift - Liftkosten**	**2.385,24-**	**1.849,75-**
075	Heizung: Energiekosten	5.393,07-	1.617,52-
076	Heizung: Nebenkosten	1.323,32-	1.313,20-
Ergebnis 13	**Heizung - Heizkosten**	**6.716,39-**	**2.930,72-**
079	Warmwasser: Energiekosten	2.878,46-	1.256,02-
Ergebnis 14	**WW - Warmwasserkosten**	**2.878,46-**	**1.256,02-**
073	Gartenpflegekosten	480,00-	8,33-
Ergebnis 15	**Sonstiges - Sonstige Aufwendungen**	**480,00-**	**8,33-**
242	Verwaltungskosten im WE	1.601,00-	1.540,32-
Ergebnis 16	**Verw.Hon. - Verwalt.honorar im WE**	**1.601,00-**	**1.540,32-**
036	Schadeners. von Versicherungen	227,50	0,00
061	Erhaltungsausgaben	6.899,02-	1.519,51-
065	Rechts- und Verwaltungskosten	257,38-	232,99-
070	Sonstige Ausgaben	485,00-	0,00
Ergebnis 17	**Instandh. - Instandhaltung**	**7.413,90-**	**1.752,50-**
169	Habenzins - Versteuerte Erträge	5.325,97	3.091,48
Ergebnis 19	**Habenzins - Versteuerte Erträge**	**5.325,97**	**3.091,48**
Summe	**Stimmt!**	**29.184,07-**	39.244,45-

Jahresrechnung

IMMOSYS Immob.- Geb.sanierungs- und Handelsges.m.b.H., 1100 Wien, Leibniz-Gasse 46, Tel.: 606 17 70, Fax DW: 17

Eigentümergemeinschaft Mustergasse 14, 1130 Wien

Vorschreibung oder Jahresrechnung	DVR-Nummer:	0

Wien, am 7.5.2022

Titl.
Mayer Max
Andersgasse 11/1
1140 Wien

UID-Nummer:	0,00
Rechnungsnummer:	12-1>2007/12-2008/12<
	12
Eingabemöglichkeit (lies Kommentar!):	D

Jahresrechnung **Jahr 2008**

Einheit **1** **Tür: 1**

Liegenschaft: Mustergasse 14 - 1130 Wien Dauerauftrag

Abrechnungskomponente	Objektsummen	Verrechnungsschlüssel	Anteil	Ust-%
Zuführ/Aussch-RL-Haus	5.000,00	39,00 / 738,00	264,23	-
Liftinstandhaltung	4.380,01-	35,74 / 626,26	249,96-	10,00 %
Betriebskosten	13.655,06-	35,74 / 626,26	779,28-	10,00 %
Liftkosten	2.385,24-	35,74 / 626,26	136,12-	10,00 %
Heizkosten	6.716,39-	35,74 / 608,21	394,67-	20,00 %
Warmwasserkosten	2.878,46-	35,74 / 608,21	169,15-	10,00 %
Sonstige Aufwendungen	479,99-	35,74 / 626,26	27,39-	10,00 %
Verwalt.honorar im WE	1.600,98-	1,00 / 6,00	266,83-	10,00 %
Instandhaltung	7.413,90-	39,00 / 738,00	391,79-	10,00 %
Versteuerte Erträge	5.325,96	39,00 / 738,00	281,45	-
Nettosumme	29.184,07-	Anteilige Nettosumme	1.869,51-	
Summe Umsatzsteuer	4.622,66-	Anteilige Umsatzsteuer	280,99-	
Bruttosumme	33.806,73-	**Anteilige Bruttosumme**	**2.150,50-**	
Bisher war als Akontierung vorgeschrieben			2.323,32	
Die Abrechnungsgutschrift beträgt daher		**Saldo**	**172,82**	
Die Umsatzsteuer für das ganze Jahr beträgt		Zahllast	280,99-	
In den Vorauszahlungen (Akontierungen) war an UST enthalten			202,92	
Im Saldo ist daher an UST enthalten		**Zahllast**	**78,07-**	

Information über die Rücklagen:	**Haus**	**Lift**
Die Rücklagen betrugen laut letzter Abrechnung	127.000,00	0,00
Im vergangenen Jahr wurden ausgeschüttet/zugeführt	5.000,00-	0,00
Die Rücklagen betragen daher Ende 2008	**122.000,00**	**0,00**

Die Abrechnungsmuster stammen aus der Praxis und sind Ergebnisse der IMMOSYS-Software.

Wir wenden uns nun wieder den Abrechnungen eines Mietshauses zu und wollen nun an einem Beispiel zeigen, wie aus der gleichen BH sowohl Ergebnisse nach ZBH- als auch nach LBH-Regeln erzielbar sind.

Bilanzieren

Die Notwendigkeit für eine BH nach beiden BH-Systemen Ergebnisse zu ermitteln ergibt sich zB dann, wenn ein Mietshaus nicht nur physische Eigentümer besitzt, sondern zB auch eine Kapitalgesellschaft oder sich in einer Stiftung befindet.

Wir definieren zunächst die Ermittlung der Ergebnisse der beiden BH-Systeme wie folgt:

1. ZBH – Zahlungsbuchhaltung:
   - (Erfolgs)Abrechnung
     (Saldierung der Erfolgskonten)
   - Geldbilanz
     (Zusammenstellung der Bestandskonten)
2. LBH – Leistungsbuchhaltung:
   - Gewinn- und Verlustrechnung
     (Saldierung der Erfolgskonten)
   - Bilanz
     (Zusammenstellung der Bestandskonten)

Wie auf Seite 10 schon erläutert, besteht der einzige Unterschied zwischen der ZBH und LBH in der Behandlung der Verbindlichkeiten und Forderungen. Diese sind in der LBH Bestandskonten und in der ZBH in den meisten Fällen Erfolgskonten. Es handelt sich um die gleichen Konten. Unterschiedlich ist nur ihre Behandlung bei der Ermittlung der Ergebnisse, also bei der Saldierung der Erfolgskonten.

Die Aufstellung der Bestandskonten unterscheidet sich in beiden BH im Ergebnis nur durch die Trennung in Aktiva und Passiva in der LBH.

Nun zum Beispiel:

Wolfhard Kopatschek, Leibnizgasse 46 - 1100 Wien						
Buchungen und deren Abrechnung nach den Regeln deer ZBH						
Aufg.	**Datum**	**Betrag**	**Kto**	**Kreditor**	**Buchungstext**	**Kontobezeichnung**
a	01.12.2021	40.000,00	136	HE	Guthaben	Verrechnungskonto Hauseigentümer
b	05.12.2021	6.000,00	3	Mieter	Mieteingang XII/21	HMZ ind. - indexierter Hauptmietz.
b	05.12.2021	1.000,00	11	Mieter	Mieteingang XII/21	BK - Betriebskosten
b	05.12.2021	300,00-	23	Mieter	Mieteingang XII/21	Minderzahlungen Debitoren
c	15.12.2021	20.000,00-	61	Baumeister	Fassade	Erhaltungsausgaben
c	15.12.2021	20.000,00	47	Baumeister	Fassade	V: Offene Rechnungen Erhaltung
c	15.12.2021	4.000,00	46	Baumeister	Fassade	V: Offene Vorsteuern. sonstige
d	16.12.2021	4.000,00-	81	MA	Wasser	BK: Wasser. Abwasser
e	20.12.2021	3.000,00-	97	Generali	Bündelvers.	Fehlbewegungen (Bu. ohne Zuord.)
f	24.12.2021	2.400,00	137	HE	Ziegel ergänzt	Vom HE bezahlte Rechnungen
f	24.12.2021	2.000,00-	61	Dachdecker	Ziegel ergänzt	Erhaltungsausgaben
	31.12.2021	4.100,00-	141	FA	Ust-Saldo	UST-Abrechnungskonto
	31.12.2021	40.000,00				

Wir verwenden die gleichen Buchungen wie in der Einführung. Die Bruttobeträge sind nun durch die Nettobeträge ersetzt. Der Umsatzsteuersaldo beträgt € -4.100,--, stellt also eine Gutschrift dar. Wie schon in der Einführung bemerkt, erfolgte die Gegenbuchung auf Verbindlichkeiten beim Beispiel c zweigeteilt und zwar erfolgte eine Trennung in den Nettobetrag und die Vorsteuer. Warum? Die Vorsteuer darf weder in die Hauseigentümerabrechnung (HEA), noch in die Einkommensteuererklärung (EE) einfließen. Würden nur € 24.000 als Verbindlichkeit gebucht, so ergäbe sich in beiden Abrechnungen ein Überschuss von € 4.000,--. Das ist in der HEA wegen der Nettoverrechnung falsch und in der EE, weil die Umsatzsteuer einkommensneutral zu behandeln ist. Im Folgejahr ist daher beim Buchen darauf zu achten.

Wir haben es hier mit zwei unterschiedlichen Verbindlichkeitskonten zu tun. In der ZBH ist auch das Konto 46 immer ein Bestandskonto, während das Konto 47 in der ZBH ein Erfolgskonto ist.

Das Abrechnungsergebnis in der ZBH sieht so aus:

b	05.12.2021	1.000,00	11	Mieter	Mieteingang XII/21	BK - Betriebskosten
d	16.12.2021	4.000,00-	81	MA	Wasser	BK: Wasser. Abwasser
	31.12.2021	3.000,00-		Ergebnis der Betriebskostenabrechnung		

b	05.12.2021	6.000,00	3	Mieter	Mieteingang XII/21	HMZ ind. - indexierter Hauptmietz.
c	15.12.2021	20.000,00-	61	Baumeister	Fassade	Erhaltungsausgaben
c	15.12.2021	20.000,00	47	Baumeister	Fassade	V: Offene Rechnungen Erhaltung
f	24.12.2021	2.000,00-	61	Dachdecker	Ziegel ergänzt	Erhaltungsausgaben
	31.12.2021	4.000,00		Ergebnis der Hauseigentümerabrechnung		

f	24.12.2021	2.400,00	137	HE	Ziegel ergänzt	Vom HE bezahlte Rechnungen
b	05.12.2021	300,00-	23	Mieter	Mieteingang XII/21	Minderzahlungen Debitoren
c	15.12.2021	4.000,00	46	Baumeister	Fassade	V: Offene Vorsteuern. sonstige
e	20.12.2021	3.000,00-	97	Generali	Bündelvers.	Fehlbewegungen (Bu. ohne Zuord.)
a	01.12.2021	40.000,00	136	HE	Guthaben	Verrechnungskonto Hauseigentümer
	31.12.2021	4.100,00-	141	FA	Ust-Saldo	UST-Abrechnungskonto
	31.12.2021	39.000,00		Ergebnis der Bestandsabrechnung		

Dass es in einem Mietshaus mehrere „Abrechnungskreise" für den „Erfolg" gibt – alle zusammen sind die „Abrechnung" – bedarf wohl keiner weiteren Erörterung. Mangels Zahlung hat die Buchungsaufgabe c auf das Ergebnis keinen Einfluss. Die Buchung war aber erforderlich um die Vorsteuer zeitgerecht geltend zu machen. Das Konto 47 ist für die ZBH als Erfolgskonto ausgezeichnet.

Die restlichen Konten sind auch in der ZBH Bestandskonten. Alle zusammen ergeben wieder den Banksaldo.

Das Abrechnungsergebnis in der LBH sieht so aus:

Grundlage sind die gleichen Buchungen, die nun auf Basis einer anderen Kontoauszeichnung abgerechnet werden. Nur die Konten Verbindlichkeiten und Forderungen bedürfen teilweise einer anderen Auszeichnung in der LBH. Nicht alle, weil zB ein Umsatzsteuerkonto wie Konto 46 immer ein Bestandskonto ist und bleibt. Wir sehen also, dass ein wesentliches Merkmal einer Buchhaltung, die nach beiden Regeln abgerechnet werden kann, nur in der Gestaltung obiger Kontoarten besteht. An anderen Abrechnungskreisen wie zB den Betriebskosten ändert sich nichts.

b	05.12.2021	1.000,00	11	Mieter	Mieteingang XII/21	BK - Betriebskosten
d	16.12.2021	4.000,00-	81	MA	Wasser	BK: Wasser. Abwasser
	31.12.2021	3.000,00-		Ergebnis der Betriebskostenabrechnung		
b	05.12.2021	6.000,00	3	Mieter	Mieteingang XII/21	HMZ ind. - indexierter Hauptmietz.
c	15.12.2021	20.000,00-	61	Baumeister	Fassade	Erhaltungsausgaben
f	24.12.2021	2.000,00-	61	Dachdecker	Ziegel ergänzt	Erhaltungsausgaben
b	05.12.2021	300,00-	23	Mieter	Mieteingang XII/21	Minderzahlungen Debitoren
	31.12.2021	16.300,00-		Ergebnis der Hauseigentümerabrechnung (Gewinn- und Verlustrechnung)		
f	24.12.2021	2.400,00	137	HE	Ziegel ergänzt	Vom HE bezahlte Rechnungen
c	15.12.2021	20.000,00	47	Baumeister	Fassade	V: Offene Rechnungen Erhaltung
c	15.12.2021	4.000,00	46	Baumeister	Fassade	V: Offene Vorsteuern. sonstige
e	20.12.2021	3.000,00-	97	Generali	Bündelvers.	Fehlbewegungen (Bu. ohne Zuord.)
a	01.12.2021	40.000,00	136	HE	Guthaben	Verrechnungskonto Hauseigentümer
	31.12.2021	4.100,00-	141	FA	Ust-Saldo	UST-Abrechnungskonto
	31.12.2021	59.300,00		Ergebnis der Bestandsabrechnung		

Wir sehen der Unterschied besteht nun im Ergebnis der HEA. Da die Leistung des Baumeisters schon erbracht wurde ist diese Ergebnis nun negativ, während es auf Grund der nächstjährigen Zahlung bei der ZBH noch positiv war. Die Summe aller Buchungen ergibt wieder den Banksaldo.

Baubuchhaltung

Bei größeren Bauvorhaben ist es zweckmäßig und üblich und bei geförderten sogar unabdingbar erforderlich ein eigenes Baukonto zu führen, von welchem die Baukosten beglichen werden. Da die Kosten durch die Nettobeträge repräsentiert werden, werden von diesem Konto auch nur die Nettobeträge bezahlt, während die in der Bruttorechnungssumme enthaltene Umsatzsteuer vom Hauskonto bezahlt werden muss. Es ist daher jede Umsatzsteuer enthaltende Rechnung auch in der Hausbuchhaltung zu buchen, wie im Beispiel c ersichtlich. Da der Nettobetrag aus der Baubuchhaltung bezahlt wird, meist unter gleichzeitiger Zuzählung des Finanzierungsdarlehens, bleiben die Verbindlichkeiten in der Hausbuchhaltung bis zum Jahresabschluss bestehen.

Am Jahresende wird die Baubuchhaltung abgerechnet und die Seiten werden in die Hausbuchhaltung übertragen. Im vereinfachten Fall, wenn wir nur von Baurechnungen ausgehen, müsste daher diese Zahlungssumme aus der Baubuchhaltung der Summe der entsprechenden Verbindlichkeiten aus der Hausbuchhaltung entsprechen und somit in Summe null ergeben. An die Stelle der Verbindlichkeiten tritt nun in der Hausbuchhaltung das Konto für die Darlehenszuzählungen aus der Baubuchhaltung.

In der Regel ist es nicht so einfach, weil auch Spesen, Zinsen, Geldbeschaffungskosten etc. in der Baubuchhaltung anfallen, die aber immer darlehensfinanziert sind. Somit ändert sich am Konto und somit am Saldo der Hausbuchhaltung durch die Einbuchung der Baubuchhaltung nichts. Bei richtiger Vorgangsweise ist es ein Null-Summen-Spiel.

Hinweise

Die Software von IMMOSYS liefert alle beschriebenen Ergebnisse und noch vieles mehr. Vorschreibungen an Mieter und Wohnungseigentümer werden nicht nur erstellt, sondern auch automatisch verschickt, sofern der Adressat eine E-Mail-Adresse hat. Hat er keine, so wird ausgedruckt, um das Ergebnis per Post zuzustellen.

Die auf Seite 40 gezeigte Jahresrechnung für Wohnungseigentümer ist eine Summenabrechnung, die im Gegensatz zu Saldenabrechnung, die gesamten Kosten für die Einheit für das Abrechnungsjahr zusammenfasst und den Akontierungen gegenüberstellt und so den Abrechnungssaldo ermittelt. Für einen vermietenden Wohnungseigentümer enthält sie somit alle Informationen, die er für seine Steuererklärungen braucht.

Impressum

Herausgeber: Ing. Wolfhard Kopatschek
Druck und Vertrieb im Auftrag des Autors:
Buchschmiede von Dataform Media GmbH

ISBN: 978-3-99152-021-4

PRINTED IN AUSTRIA